源 自 全 球 学 校 人 文 科 学 品 质 读 物

聪明的植物

小多（北京）文化传媒有限公司○编著

艺术与科学探知系列

SPM 南方出版传媒 广东人民出版社
·广 州·

图书在版编目（CIP）数据

聪明的植物/小多（北京）文化传媒有限公司编著．—广州：广东人民出版社，2016.10（2019.5重印）
（艺术与科学探知系列）
ISBN 978-7-218-11095-0

Ⅰ．①聪… Ⅱ．①小… Ⅲ．①植物—少儿读物 Ⅳ．①Q94-49

中国版本图书馆CIP数据核字（2016）第179104号

Congming De Zhiwu
聪明的植物
小多（北京）文化传媒有限公司 编著

出 版 人：肖风华

责任编辑：马妮璐 段树军
封面设计：家上品牌×设计
责任技编：周 杰 易志华

出版发行：广东人民出版社
地　　址：广州市海珠区新港西路204号2号楼（邮政编码：510300）
电　　话：（020）85716809（总编室）
传　　真：（020）85716872
网　　址：http：//www.gdpph.com
印　　刷：天津画中画印刷有限公司
开　　本：889mm×1194mm 1/16
印　　张：3.25　　字　数：60千
版　　次：2016年10月第1版 2019年5月第2次印刷
定　　价：36.00元

如发现印装质量问题，影响阅读，请与出版社（020-85716849）联系调换
售书热线：（020-85716826）

目录 Contents

第3页

第21页

第29页

第32~33页

写在前面的话

我们每天都和植物生活在一起，对它们的外表赞赏有加，但对它们的“脑子”却没有深究。

植物的存在关系到你我的存在。如果植物不会开花，这个世界就根本不会有我们人类。当最早的一批花出现在地球上时，带来的不仅是多彩的风景，还有生命的进化。

植物的智慧影响环境。美国作家迈克尔·波伦（Michael Pollan）说：“植物是自然界的炼金术士，是把水、土和阳光提炼为一系列珍贵物质的专家，它们的许多特殊能力超越了人类的理解力，甚至想象力。”

本书告诉你，怎么给你的植物做智力测试，看看它的IQ有多高。如果你想不费吹灰之力就让屋里的苍蝇消失，试试捕蝇草吧！它饿的时候会施展一种绝技。树冠庞大的榕树也是“心机重重”的。还有玫瑰上的刺、苦涩的苹果籽，它们可不是白长的，都有特殊作用。

但无论怎样，纵使你知道天底下所有的植物知识，而自己不种花弄草，你对植物的感觉还是隔了一层。本书中有传奇人物“苹果佬”的故事，像他一样种一棵苹果树吧。当你看着自己种的果树成长结果的时候，你才会明白，苹果树也有那么多的聪明之处。你会发现，在你的呵护下，你和植物原来可以如此亲近。

编者：比力

Flowers Nourish the Earth
鲜花滋养地球

作者：米斯迪

花，是大自然创造的一种有形、有色、有香的艺术品，它不仅可以陶冶情操，还能成为表达情意、抒发情感的桥梁和纽带，给人类带来视觉上的愉悦、精神上的寄托。不单是人类喜欢花，纵览植物进化的历史，地球和动物应该更爱它，可以说，花推动了地球和动物的进化。

地球上第一批花

1.4亿年前，恐龙占据着动物王国的统治地位，而植物王国也有两大统治者：一个是针叶树，它是松树的史前祖先；另一个是蕨类植物。在几亿年的进化和与恐龙的“斗争”中，这两大类植物暂时“坐稳”了“宝座”，开始抓紧繁衍后代、延续物种。

为了繁衍后代，针叶树必须依靠变幻莫测的风。针叶树会向风中散发花粉，这些花粉极其微小，每一粒要被放大上千倍才能看见。在显微镜下，针叶树的花粉有点像米老鼠，有两个像耳朵一样的气囊，用来捕捉微风。运气好的话，花粉可以吹到旁边适合繁殖的树上。因此，针叶树必须产生大量的花粉才能成功授粉一次，真是很浪费。

蕨类植物的繁殖也很受限制。它们喜欢在潮湿的沼泽环境中生长，其生殖细胞需要水来运输。它们把精子释放到水里，顺水漂流，精子可以在水中游两个多小时，寻找合适的繁殖植物。

这么麻烦的繁衍方式导致古代大陆缺乏生物多样性，地球只是一整片单

美国加利福尼亚大学植物园里的无油樟（Credit：Stan Shebs）

调的绿色。但在大陆的某一处，一种革命性的生殖方式产生了。

在南太平洋地区的新喀里多尼亚岛，可以找到地球上第一批开花植物——无油樟。植物学家认为，无油樟给所有开花植物的演化铺平了道路。乍一看，无油樟也是一片绿色，但仔细看你就会发现，在郁郁葱葱的树叶下有几朵白色的小花。

“花的出现很重要，因为它们可以吸引昆虫的注意。”新喀里多尼亚植物学家布鲁诺·佛利亚尼（Bruno Fogliani）说，“花的形状、颜色都会吸引各种昆虫，那将有助于更成功地传播花粉，更大可能地成功受精。”

早期给花朵传播花粉的是甲虫，那时候蜜蜂还没有进化出来。这些甲虫为了寻找食物，在植物间爬来爬去，在这个过程中它们携带了花粉，将其传播开来。

甲虫让植物们找到了更高效的繁衍方式，再也不用完全指望不靠谱的水和风了，于是开花植物飞快地蔓延开来，演化出越来越多的品种。

多彩的鲜花

在1.5亿年前，大陆板块开始分离，形成小板块，在气候和环境的影响下，形成山地、盆地、平原、沙漠等新的地貌。对于依靠风和水繁衍的针叶树和蕨类植物来说，它们对新地貌有些“吃不消”，但这正合开花植物的心意。

开花植物开始适应和改变恶劣的环境，首要任务就是壮大队伍。于是，花开始有了颜色，不再只是像无油樟那样的白色小花了。花的颜色不是随机生长的，它们用独特、鲜明的花色来吸引昆虫的关注。如果放大花瓣，呈现在眼前的是无数近似于条状的小棍儿，每一根都像小棱镜一样反射和发散太阳光。鲜艳的颜色加上闪闪发光的花瓣，哪个昆虫不想来呢?

授粉成功的开花植物又遇到一个难题：怎么才能让自己的下一代——种子健康生长而不受侵害呢? 花儿又开始了一段进化过程。

每片花瓣都提供了一个舒适的“着陆垫”

蜜貂和桉树类植物相互依存。蜜貂以桉树花的花蜜为食，同时，它们在桉树之间传播花粉

当昆虫带来花粉，花粉中的两个精子沿着花粉管进入花的子房，其中一个与卵子融合形成合子，发育成胚，另一个和两个极核融合，发育成胚乳，为受精卵提供养分，这个过程称为双受精。这不仅让后代继承了双亲的基因，还能加强后代的生命力和适应性。

甜蜜的诱惑

为了使更多的昆虫和动物来给自己传花粉，开花植物又进化出了其他植物没有的新技能，那就是生产花蜜。花蜜的产生意味着开花植物逐渐多样化，可以适应不同地区以及不同的授粉者。花蜜在植物和授粉者之间起着重要的作用，它不仅是吸引授粉者的筹码，也是犒劳授粉者的礼物。渐渐地，花蜜成为食物链中的一环，并推动昆虫王国的进化。

2012 年 5 月，科学家在西班牙北部发现了两块 1 亿年前雌性蓟马（一种昆虫）的琥珀，琥珀中的蓟马体表带有很多花粉粒。蓟马体表有呈环状的毛发，可以增强它们采集花粉的能力，与常见的蜜蜂十分相似。这一发现说明，蓟马可能是地质学历史上最早的授粉者群体之一。而如今的蜜蜂也从食肉转变为吸食花蜜，它们还进化出了能定位花朵和监测紫外线的眼睛。

但昆虫并不是只固定给某一种花授粉。如果它们从一种花上采集花粉后，又跑到另外一种花上，那么之前的花粉就浪费了。怎么才能让昆虫“专一”，成为开花植物的新问题。

在南非海岸悬崖下面，奥芬花（Orpheum flower）从不轻易让昆虫得到花粉，只有雌木蜂才能够得到它。而取得奥芬花花粉的办法就是扇动翅膀。当雌木蜂接触到花粉时，它们会调整翅膀的振动频率，花朵感受到正确频率后，花粉就出来了。正是这种默契又霸道的关系，奥芬花才保证了自己的花粉在同类中传播。

雨林洞穴

看的。科学家发现，每一个热带雨林区都会有天然的地下洞穴出现，洞中的水都来自上面的热带雨林。洞穴里也拥有地上的所有植物种类，因而也能成云致雨，形成微型气候。地面上发生着大范围的雨水循环，洞穴里也发生着，只不过范围很小。全球范围内，雨水侵蚀可溶性的岩石，造成地表岩石千沟万壑，从而形成喀斯特地貌。

雕刻地球

就这样，开花植物逐渐取代针叶树和蕨类植物，在地球上占据统治地位。6500 万年前，地球被雨林区覆盖，其中四分之三的植被是开花植物。开花植物的增多影响了地球的地质地貌。

9000 万年前，由于开花植物增多，产生了大量水分，水分上升到空中凝结成云，云变成雨落下来，落下的雨水被树木吸收，随着时间的推移，形成了一个良性循环。雨水的能量是不能小

致命打击

约 6500 万年前，一颗直径约 10 千米的小行星撞击了地球。这次撞击是毁灭性的，撞击时产生的热量和碎石使地球上的物种几乎灭绝，连动物王国的统治者恐龙也没能躲过这场劫难，植物就更不用说了。熊熊烈火烧毁了植物的花、叶和茎，火山喷发产生的二氧化硫气体形成酸雨，将植物的根也破坏了。

对开花植物打击更大的是它们和动物之前的

联系中断了，帮助它们授粉的伙伴都在这场灾难中死亡了。

植物生态学者布鲁斯·克拉克逊（Bruce Clarkson）很热衷于研究小行星撞击地球对植物的影响。他来到新西兰的怀特岛。这是一座活跃的火山岛，岛上荒无人烟，很适合研究植物如何在大破坏后复原。“当时的树木都被毁坏了，树木的残骸被分解、腐烂，但它们却为蕨类植物的复苏提供了营养。”克拉克逊说，“蕨类首先在贫瘠的大地上出现，而后被针叶树取代，最后开花植物回归。”

开花植物的种子也奇迹般地闯过了灾难时期，重新繁衍起来，它们依旧给昆虫提供花蜜，而昆虫依旧为它们传播花粉。恐龙的灭绝让哺乳动物发展起来，这些哺乳动物也成为开花植物的授粉者。

提供食物

由于授粉者越来越多，开花植物进一步进化，花的子房变为肉质表层，种子则被肉质表层包裹着，从花朵转变过来的部分称为果实。果实不仅能够供哺乳动物和鸟类食用，果实中的种子还能被哺乳动物和鸟类带走，传播到几百千米甚至几千千米之外。早期的哺乳动物是离不开果实的，它们以果实为食物。没有果实，也许哺乳动物将不复存在。

但开花植物又遇到了难题，进化中的哺乳动物，尤其是灵长类动物，迫不及待地想要吃到果实，导致果实还没有成熟就被摘走了，这就意味着那些果实中的种子都浪费了。于是开花植物便进化得让果实在不同的阶段呈现不同的颜色，成熟的果实色彩会变得很鲜艳，暗示食用者可以吃了。与此同时，灵长类动物开始进化出能分辨颜色的眼睛。久而久之，为了“讨生活”，灵长类动物在开花植物的驱使下逐渐学会使用工具、直立行走、农耕，成为原始人类。

如果没有开花植物，地球不会那么多彩，生物不会那么多样，人类也不会出现。开花植物用自己的“智慧”不断适应地球的环境，不断利用身边的条件，从而改变了自然的规律和环境，可能它们自己都没想到。

光合作用拯救地球

显微镜下的叶绿体和细胞

不管在草原、山地、盆地，还是沙漠，都生长着各种形态的植物，因为植物具有利用阳光的能量，产生自身所需的养分并释放氧气的能力，这个过程被称为光合作用。正是这种能力，使植被遍布整个地球。对大多数生物来说，光合作用是它们赖以生存的关键。植被的光合作用将死气沉沉的原始地球变得生机勃勃。那么，光合作用是怎么拯救地球的呢？

让我们回到30亿年前。当时，大陆板块还没有分裂，地球上生命很少，氧气也很少。因为大量的火山喷发，大气中还充斥着有毒气体。由于这些大气不能过滤太阳光中强烈的紫外线，而陆地上的任何生命都禁不起紫外线的照射，因而陆地上寸草不生。但在海洋深处，一种新的生命即将改变地球。

海水就像是液体防晒霜，阻隔着紫外线对海洋生物的伤害。有了海水的保护，一些地球最早的微小细菌开始进化。一种绿色的微生物——蓝细菌就在这段时间出现了，它是地球上所有植物的祖先，因为它是绿色的，所以今天的植被也都是绿色的。蓝细菌靠着深海微弱的阳光生活，与其他微生物不同，它可以产生氧气。

为了找到如今的植被是蓝细菌直系后代的证据，我们把叶子放大1000倍，就能清晰地看到一群绿色的，形状为球形、椭圆形或者卵圆形的小东西，它们被称为叶绿体。叶绿体并不固定在细胞中的某个位置，它们会向光源移动。就在这千分之五毫米大的叶绿体内部，光合作用正在发生。

我们知道，太阳光是由光子组成的，光子是一个个迅速移动的电磁能粒子。当光子撞击植物表面时，它们的能量被光线捕捉复合体吸收。在这个复合体内部，12个光子的能量可以用来分解一个水分子（H_2O）。水分子被分解成氢（H）和氧（O）两部分，其中氢和植物吸收的二氧化碳发生反应产生了糖分，氧则像废弃物一样被抛弃。

随着氧气的不断释放并分散到大气中，26亿年前地球的大气层变得富含氧气。有毒气体被清除了，天空变得清澈蔚蓝。氧气还上升到上层大气创造了臭氧层。包裹了臭氧层的地球可以免受紫外线的危害，也意味着原始的动植物可以在陆地生长了。

地球大气层的变化带来了地球环境的变化，地球更健康，更清新，植物也在不断进化。植物根部的进化，使植物逐渐从海洋向陆地进发。土壤的出现，更利于植物在地球的任何地方生存。由于大气中二氧化碳的减少，植物开始进化出叶子，叶片上的气孔可以更好地发挥吸收二氧化碳的作用，同时也吸收更多的太阳光，带给植物更多养分。植物们相互争夺阳光，刺激着新植物产生，这个时期统治地球的蕨类植物出现了。2.3亿年前，大面积的植物被恐龙蚕食。植物开始进化出刺状或针状的叶子，于是地球的另外一个统治者——针叶树也出现了。6500万年前，后起之秀——开花植物推翻了这两大统治者，夺取了植物王国的统治地位，从此地球便向着崭新的方向发展了。

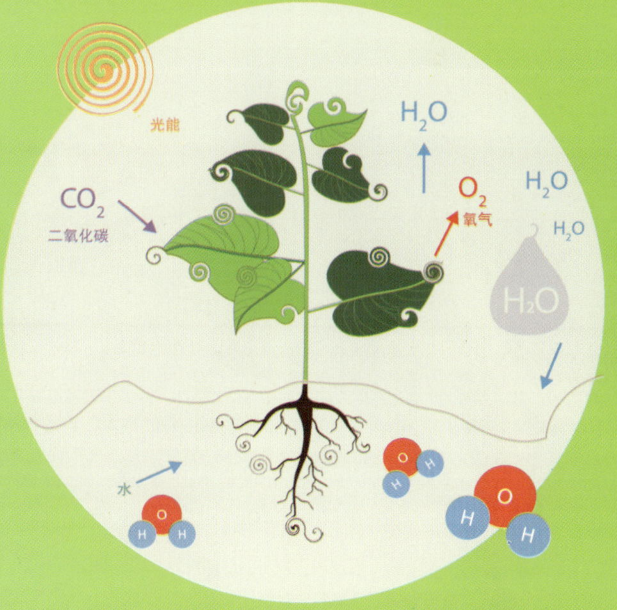

植物的光合作用

Plants as...

植物可以……

作者：许晨暄

植物可以食用

人们每天都在吃由植物转化而来的食物。用于制作食物的植物当中，最重要的有三种：小麦、水稻和玉米。这些禾本科植物叫作谷物。

谷物的谷粒中充满了淀粉，而淀粉能供给能量。人们把小麦磨成面粉，做成面包、馒头、面条；把水稻脱壳，加水煮成米饭，或者捣碎成米粉，再做成各种美味食品。

土豆也是一种重要的食物，和谷物一样，土豆也富含淀粉。

蔬菜和水果可以为人体提供维生素、矿物质、膳食纤维、生物活性因子等，对维持身体健康非常重要。

小麦的谷粒有一层坚实的“外衣”，使它具有韧性并且耐嚼

小麦已经成熟，等待收割

水果里富含维生素，有助于人们的健康

在夏末时用康拜因（联合收割机）收割谷物

植物可以做燃料

收集木头，运回家做柴火

树木燃烧时，可以释放出大量的热。在世界各地，人们采集木柴，用它烧水、煮饭。木柴在炉子里经过缓慢的燃烧变成木炭。人们点燃木炭，在烤炉上烹调食物。

煤和泥煤是重要的燃料，它们是数百万年前死去的植物的遗体，被挖掘出来用于发电和取暖。

木炭是木柴在炉子里经过缓慢燃烧生成的

堆放整齐的过冬柴火

泥煤被挖掘出来并且风干，然后作为燃料出售

矿工正在分拣掺杂在煤矸石里的煤炭

植物可以做衣服

你穿牛仔裤吗？看一下你最喜欢的牛仔裤里边的标签，是不是标明质地是“棉”？

棉花只是我们用来织布的植物之一，还有许多其他的植物可以加工成布料。人类利用植物织布已经有千百年的历史。一起看看我们都穿着什么植物吧。

你见过棉花吗？它有木质的茎秆，上边长花，花凋谢后留下棉铃，棉铃里边有棉籽。白色的纤维从棉籽上长出来。当纤维团长大时棉铃爆裂开，这时你可以看见蓬松的白色纤维——棉花，不久这些棉花纤维就会长好，准备采摘吧。

饱满的棉桃

人们把棉花摘下，然后用轧棉机将纤维从棉籽上剥下，把它们清理干净并且打成棉花包。

猜猜看

你家有多少件衬衣是棉布做的？找到10件衬衣，先不要看标签，猜猜有多少件是棉花做的，写下它们的数目。现在看看标签，你猜对了吗？

巨大的棉花包

这些大棉花包被装运到纺织厂，纺织厂的工人将棉花纺成纱线，然后用这些纱线织成布。这些布又被运到做服装的工厂，工人们在工厂里将棉布做成T恤、牛仔裤和其他服装。

纺织厂的工人将棉花纺成纱线

想想看

你能想起哪些东西是棉布做的？不过这次不能是身上穿的。

提示：你可能晚上在它上边睡觉。

你是说床单吗？如果是，那你就答对了，许多床上用品是棉布做的。

可以穿的其他植物

有些服装是用一种叫作亚麻布的织物做的。亚麻布是由亚麻植物纤维织的。亚麻植物有高大的茎秆和蓝色的花，制作亚麻布的纤维来自植物的茎秆。亚麻纤维非常光滑且很结实。

你见过竹子吗？也许你知道熊猫爱吃竹子。但是竹子不仅仅是喂熊猫的，一些种类的竹子可以织成布。竹子是一种高大的禾本科植物，它生长得很快，竹竿里的纤维可以制成纱线，这些纱线被织成布，做成各种我们穿的衣服，也可以做成其他竹纤维制品，比如毛巾、床单等。

挺拔的竹子可以做成柔软的竹纤维毛巾

环顾一下你房间里布做的东西，找出一些来，比如毛巾、被单、毛绒玩具，看看这些物品的标签，写下每一个物品的名字和它的材质。这些物品有用棉花、亚麻、竹子做的吗？

Plants VS. Animals

植物大战动物

作者：沈丁华
绘者：丑人儿

从西伯利亚的原始针叶林到亚马孙河两岸的热带雨林，巨树成荫、枝繁叶茂的森林总给人以奇妙的神秘感。拥有各种各样生物的森林是一个庞大的生态系统，或许你会认为森林里的植物不能移动、无法隐藏自己，也没有尖牙利爪，是整个生态系统里最弱势的。事实真是如此吗？面对动物的嘴巴、口水和爪子，植物是怎样应对的？在你阅读这篇文章时，森林里的攻防战正激烈地进行着呢。

第一回合 荆棘和茸毛

植物先攻！

“美丽的玫瑰会刺人”已经成了大家耳熟能详的谚语，这也是植物最基本的防卫方式。对植物来说，叶子是最重要也是最容易被攻击的部位，所以很多植物用刺作为武器来保护叶子。这些刺种类繁多，外形多样，有的像玫瑰刺一样又短又平，有的像仙人球的刺一样又细又尖，有的甚至还带着毒素，比如蓖麻。

你可能会说：“昆虫可以绕过刺吃到叶子吧？”聪明的植物早就想到这一点啦！对体形微

小的昆虫来说，茸毛是非常有效的阻挡措施。小昆虫要想在毛茸茸的叶子上着陆或前进，可不是件容易的事！

动物反击！

动物们在进化中也得到了许多应对尖刺的秘密武器。长颈鹿非常喜欢吃刺槐的叶子，虽然刺槐的刺长达5厘米，是非常可怕的武器，但技高一筹的长颈鹿拥有超长的舌头，可以卷起刺丛吃到新鲜的嫩叶。而且长颈鹿的口腔内壁非常坚硬，零散的刺并没有给它构成威胁。

这一局动物获胜！

第二回合 坚硬的甲胄

植物先攻！

你吃过核桃吗？你试着敲开过核桃壳吗？核桃正是“黄金甲”植物的典型代表。很多植物会用甲胄来保护自己营养丰富的果实，这些营养是种子发芽生长初期必需的，也是很多动物觊觎的对象。除了核桃，巴西栗的果实也裹着坚硬的外壳。

还有些植物会用强韧厚重的树皮保护自己，许多植物的花瓣末端长着绿色叶状的花萼，它也是盔甲的一种，可以保护花朵不受伤害。

动物反击！

虽然巴西栗的果壳坚硬无比，但依然无法阻挡刺鼠旺盛的食欲。聪明的刺鼠会用自己锐利的牙齿在巴西栗的外壳上弄开一个口子，然后把果壳从里至外敲碎。接下来，它们会吃掉一部分栗子，剩下的留着以后享用。但事实上，刺鼠的记忆力很差，它们经常忘记自己藏好的食物，而硬壳被敲开的果实就能舒舒服服地生根、发芽。

这一局植物赢了！

第三回合 紧闭门户

植物先攻！

如果你曾经试着触摸含羞草的叶子，就知道它有着惊人的“反射神经”。你的指尖刚刚碰到它的叶片，整棵含羞草就会像触电一样收拢枝叶，紧紧缩住身体，一瞬间变得又细又小，不给你任何伤害它的机会。

金鱼草则有着自己的防御方式，它会分泌花蜜来吸引昆虫帮自己授粉。但有些昆虫会盗走花蜜而且不能帮它传播花粉（大多是体形非常小的虫子，比如蚂蚁）。当这样的“窃贼”出现时，金鱼草的花瓣会紧紧抱合在一起，彻底粉碎“窃贼”的阴谋。

动物反击！

金鱼草的“密门”对蚂蚁之类的小窃贼非常有效，却挡不住蜜蜂这样的大家伙。蜜蜂能用自己“硕大”的身体挤进花朵内部品尝蜜露，不过与此同时，它的身体也会沾满花粉。接下来，它们会前往另一株金鱼草寻找食物，同时也担当了传播花粉的“红娘”——这正是金鱼草所希望的。

植物再次获胜！

第四回合 制造毒素

植物先攻！

雨后的森林散发着与众不同的气息，而其中一个很重要的原因是从潮湿的土壤里长出了许许多多小巧玲珑的蘑菇。蘑菇五颜六色的菌帽就像漂亮的雨伞，不明真相的你也许会忍不住摘下一朵仔细端详，甚至会想：“这个煮成汤会不会很好吃呢？”为了自己的生命安全，你可千万别这么做！这些颜色鲜艳的蘑菇其实不是为了吸引动物，而是为了警告那些可能吃掉它们的坏家伙不要靠近——因为它们大多有剧毒。人吃了之后，有的会恶心呕吐，有的会产生幻觉，严重的甚至会致死。

除了蘑菇，还有很多聪明的家伙会用毒素来武装自己。一颗小小的蓖麻籽就有可能夺去一个孩子的生命，而一棵马利筋的毒素能让一头牛心脏病突发！还有一些植物，既想用毒素来驱逐入侵者，又不想让自己变得致命（这样会导致它们失去为自己传播种子和花粉的动物伙伴），于是它们想出了妙计：分泌一种会让自己的叶子变得难吃的化学物质。

动物反击！

植物在进化，动物也在进化。所谓“道高一尺，魔高一丈”，就算是最可怕的剧毒也阻挡不了为了吃而不断进化的昆虫。比如马利筋的毒素就对帝王毛虫（黑脉金斑蝶的幼虫）毫无作用。不仅如此，帝王毛虫还会把吃到的毒素储存在身体里，用来对付自己的天敌。

动物扳平比分！

此外，植物还会用各种各样的方式对抗试图把它们当成美餐的动物。有的植物在遭到蚜虫侵略时会分泌出吸引黄蜂的化学物质，黄蜂是蚜虫的天敌，它们会把卵产在蚜虫体内，黄蜂幼虫孵化出来就会从里面把蚜虫吃掉。

前面提到的刺槐，因为刺很难起到防御作用，所以就又想出了新招来对付长颈鹿：如果一棵刺槐被长颈鹿袭击了，它就会释放出一种化学物质，通知周围的同伴。收到警报的刺槐会分泌大量的化学物质，使自己变得又苦又难吃。不过长颈鹿可不会退缩。它会主动放弃下风处的刺槐，而选择信号传递不到的上风处，那里的刺槐依然美味可口！

谁赢了？

四个回合平分秋色，加赛似乎也没有分出胜负——这正是进化的魅力。每当一方想出新招式，对手就会见招拆招，发掘出自己的新技巧。这样的较量从植物和动物出现在地球上的时候就已经开始了，并且将永远持续下去。可别再觉得植物只会受欺负了，它们可是很厉害的！

霍罗与阿莱
编绘：蔡艨
植物饿了要吃肉！
船长大叔真是种了不少植物啊！
稀奇古怪的品种……
哟，是霍罗和阿莱啊，来参观我的植物园嘛。
哇！这种奇怪的植物难道是传说中的猪笼草？
没错！它们特殊的长相是用来捕食昆虫的，是吃荤的植物哦！
猪笼草的内壁会分泌香甜的液体，引诱闻到气味的昆虫。
Wen-
甜！
Wen-
像是人造出来的一样呢！
huo
昆虫碰触到内壁的刚毛，入口的盖子就会落下。
真怪！
Pa!
昆虫被困在里面直到被猪笼草分泌的液体消化掉。
为什么猪笼草要捕食昆虫呢？
因为贫瘠的土壤没有足够的养分来供给这些植物啦。
噢！瞧，那是什么啊？比猪笼草还怪！

这是捕蝇草，也是吃肉的植物，看起来很可怕吧！
这种植物也是通过捕食昆虫来摄取养分。
幸好只是吃小昆虫就满足了……
哦！瞧，一只苍蝇要在捕蝇草上着陆了！
Wen
Wen
捕蝇草的表面也会分泌类似蜜的物质来吸引昆虫前来。
甜？！
su—
wen—
wen—
xi—
Sha!
而其表面的刚毛如果在20秒内被碰触到两根，那么恭喜……
捕蝇草的两片叶瓣会迅速闭合，昆虫就被捕获了。
真是一套完备的陷阱触发系统啊！
哎呀，打开以后只剩下苍蝇的残渣了！
好啦，来看看我最爱的收藏吧！

好漂亮，但是也好恶心啊！
这就是茅膏菜了，美丽且残酷的肉食性植物！
虽然很好看，但是一看就觉得很危险。
茅膏菜的刚毛很多，顶端的液体也散发着蜜的气味。
wen
甜！
wen
黏！
!
PA
PA
PA
NO!
Su-
Su-
Su-
但是这些液体并没有那么简单。
粘住昆虫后，茅膏菜上其他的刚毛都会向昆虫卷曲。
这些液体实际上是类似胶水的黏液，沾到的昆虫就别想挣脱了。
最后，昆虫在尚未死亡的时候，茅膏菜就已经在分解它们的内脏了。
Ka-
zhi-
真惨！甜头不是那么好沾的啊！
没错！这些植物都是给昆虫一点甜头，但是甜头背后暗藏杀机，所以大家也要小心甜头哦！
下回见！

Nature's Pharmacy
大自然的药房

作者：段朝霞

你注意过路边生长的银杏树吗？它是现存最古老的能结果的植物，在3亿多年前就出现在地球上了，见证了人类的诞生和进化。它像扇子一样的叶子可以用来治疗心脏病和血管疾病，它的果实叫白果，可供少量食用，有祛痰、杀虫等功效。最近的研究也在试图把银杏叶提取物和阿尔茨海默病（俗称老年痴呆）的治疗联系起来。

人类在认识植物之初，就发现它们不仅仅有漂亮的花朵点缀自然，有果实滋哺人类，它们的种子、浆果、叶子、树皮、根茎或花朵还可以用来治疗疾病。采集草药，熬煮药汤，这是中国人仍然保持着的古老传统。在印度的医学体系“阿育吠陀”（Ayurveda）中，草药也是重要的组成部分。现代西方医学也离不开草药，在现在常用的西药处方药中，有120多种药的最初来源是蕨类植物或开花植物。

有趣的是，人们虽然所处地域不同，但都倾向于把相同或相似的植物用于同一种疾病的治疗。比如，花旗参在很多国家被用来提高人的机体免疫力和抗疲劳，白菊花则被用于治疗感冒。

邱园的棕榈温室。位于伦敦西南部的邱园，是世界上最古老的植物园之一

就地取药

作为身边的药材，植物一直在等待人类的发现、挖掘和利用。

“二战”中，德国对欧洲的占领严重阻碍了药品的运输，英国政府面对药品严重短缺的严峻局势，制订了从乡村收集草药的计划。英国卫生部在邱园公布了在乡村收集草药的指南，告知大家收集什么，如何干燥、捆绑和分发草药等主要注意事项。妇女组

玫瑰果是玫瑰受粉、花瓣凋落后由花托发育而成的果实，里面包含一粒细小的种子，通过鸟类来传播。玫瑰果是治疗维生素缺乏症的良药

织、童子军都积极参与到草药收集行动中来。草药的辨认、干燥、储存或者船只运输等都需要严格遵循指南。其中最重要的药物是用于调整心跳、挽救充血性心力衰竭的草药洋地黄。如果处理不当，洋地黄中对心脏疾病起作用的有效成分会降解，失去药效。收集者需要把草药铺在干燥的钉有纱帘的木架上，用焦炭在32~37℃下烘干。

此外，收集者也采集茄属植物（颠茄，治疗腹痛）、秋番红花（秋水仙碱，治疗痛风）、缬草（镇静剂）等草药。由于柑橘类水果的供应越来越少，邱园集中研究玫瑰果，发现它富含维生素C，于是用它做成糖浆，优先提供给婴幼儿，以预防坏血病。

质疑相伴

一方面，人们寄希望于草药的神奇力量，而另一方面，医生又在怀疑和不安：到底是哪些具体的成分在发挥作用？会产生哪些未知的不良反应？临床应用发现，很多草药都会和其他药物相互作用，引起不良反应。比如，很多治疗肿瘤的草药会和常规西药产生反应。而中草药本身也有毒副作用：有的草药会引起某些人的过敏反应；有的不能多食，比如银杏果；有的则被标为“大毒”。

产自中国东南部的雷公藤，其毒性在清代医药学家赵学敏所著的《本草纲目拾遗》中就有记载：“采之毒鱼，凡蚌螺亦死，其性最烈，以其草烟熏蚕子则不生。”但是雷公藤作为祛风除湿的药物却有奇效。2000多年前，人们就发现，把雷公藤的根捣碎，敷在疼痛的关节上可以减轻疼痛和肿胀。后来雷公藤被用于治疗类风湿关节炎。类风湿关节炎是一种严重侵害患者关节，造成患者关节功能损害和残疾的疾病。不过，这种百年老药如何被现代西方医学所接受呢？

雷公藤是一种生长在背阴多湿山坡的灌木，民间也称其为“断肠草”

西药制取

西药一般用化学合成方法制成或从天然产物中提炼制成。著名的解热镇痛药阿司匹林是西方草药殿堂中最有名的一员，你可能很难将它和柳树联系在一起。公元前200年，古希腊名医希波克拉底使用柳树的皮和叶子缓解疼痛和发烧时，他也只是知道柳树皮能治病。2000多年后，化学家从柳树皮中提取到水杨酸，这正是阿司匹林的

有效成分。1897年，德国化学家菲利克斯·霍夫曼在实验室合成出一种稳定的物质，即现在的阿司匹林，又名乙酰水杨酸。

西药制备如同打靶射击，我们要提前掌握枪支和子弹的特性以及需要瞄准的靶位。比如，对治疗类风湿关节炎的首选药物甲氨蝶呤，人们了解它是由碳、氢、氮、氧几种元素组成，并按照严格的比例结合。在实际“打靶”前，它还经过大量“弹道测试”，用动物试验证明了疗效和毒副作用，并明确了这种药物是通过调节人体的某些细胞功能和数量来发挥作用的，这些细胞正是引起类风湿关节炎发病的主力军。甲氨蝶呤自然顺利入选“作战装备”。

相比之下，要弄清草药的成分则困难重重。同一种植物的根、茎、叶，它们的疗效有时并不一样，比如雷公藤的根常被入药，但是它的皮毒性大，取材时要求“严格剥净皮部，包括二重皮及树缝中的皮”。即便是同种植物的同一片叶子，其含有的有效成分也可能多而复杂。地球上大约有26.5万种开花植物，人们只对其中不到3000种进行了化学分析。此外，植物的生长年限、环境、采收加工、炮制和储存方式也会对药效产生影响。那么，这些草药到底是哪些成分发挥了作用？是单纯的叶子有疗效，还是在沸腾的药锅里产生的物质？这些物质又会有什么样的副作用呢？

实验室中的草药

医学家不再满足于仅仅使用不经提纯的雷公藤根了。随着科技的进步，草药的成分分析和提纯成为现实。研究者对雷公藤根进行了成分分

草药的制备

草药除了直接入药，还以多种形式存在于茶、糖浆、油、液体提取物、酊剂、干性提取物等中。菊花茶就是把干燥的菊花放在开水里浸泡供饮用。糖浆是植物的浓缩提取物加入带有甜味的配料制成，常常用于嗓子肿痛和咳嗽。从植物提取出来的植物油常常用作按摩乳，也可以做成软膏或者霜剂。酊剂和液体提取物由草药里面的活性成分溶解在液体（水、酒精或者葡萄糖）里做成，酊剂的浓度一般为1:5或1:10。液体提取物浓度一般比酊剂要高，往往是1:1 的比例。干性提取物一般是草药的浓缩物，浓度可以达到2:1~8:1，形态是片剂、胶囊或者含片。

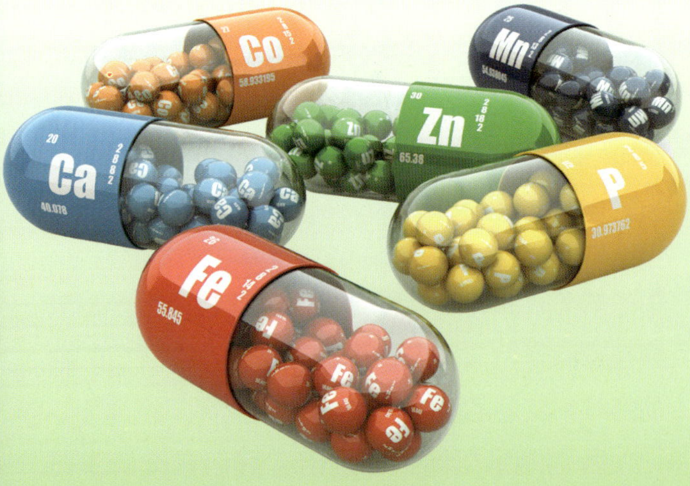

研究者希望通过对植物的化学分析，确定其有效成分

科学家将植物带入实验室，进行提取、分离、成分鉴定等

析，分离出 70多种化学成分，他们把这些不同成分的作用进行了临床研究。

研究发现，雷公藤甲素是雷公藤的主要活性成分之一。它是治疗类风湿病制剂的主要有效成分，针对的是引发关节疼痛的炎性因子。

虽然植物中的化合物能帮科学家找到新药，但是植物或化合物本身并不是新药。“一种可以达到某种效果的物质并不意味着它是一种好药。”美国专家理查德·克拉维克说。好药的标准是具有疗效，同时不影响细胞回路。细胞之间通过传递电和化学信号对话，有时生成激素，有时引发正常细胞死亡，而干扰正常细胞信息传递的物质会引发癌症。确定一种新药的安全和有效性，往往需要多年的研究。

目前的雷公藤片剂已经是一种经过提取、分离、成分鉴定后，作用机制较明确的中成药了，而且经过了严格的临床研究。医学家对同一来源、同样含量、同样使用方法的雷公藤片和西药甲氨蝶呤进行了对照，结果发现，单用雷公藤片疗效与甲氨蝶呤相仿，甚至很多方面还优于甲氨蝶呤，并且副作用也在可控的范围内。这些研究成果于2014年4月份发表。试验使草药的价值取得了国际上的信任。

Testing Plant's IQ

植物智力测试

作者：段朝霞

植物究竟有多聪明呢？我们很想知道。因此，我们聘请了一组科学家，编出一套植物智力测试题。你可以试着让你最喜欢的一盆花，或者找棵橡树来做这个测试。不过它们要是不回答，你可千万别觉得奇怪啊。

1. 在下面的图片中，哪张和其他三张不是同一类的？

2. 按照正确顺序排列以下图片。

3. 一只蜜蜂离开蜂巢，以8千米/小时的速度飞向6.5千米外的一朵花。一只蝴蝶从13千米远的地方，以16千米/小时的速度也飞向这朵花，不过蝴蝶在花旁停下来和一只蜂鸟吵嘴，吵了5分钟。它们谁会先碰到花呢？

4. 有人想摘你的花，你要怎么保护自己呢？

a. 用刺扎他们
b. 让他们身上起痒痒的疹子
c. 把自己伪装得像棵西兰花
d. 以上皆可

5. 花瓣和________的关系，类似于车轮辐条和轮子的关系。

a. 花
b. 自行车
c. 种子
d. 粉红色

6. 选出最合适的一个词，使这组词的意思连贯起来：根、茎、叶子、花、果实、________。

a. 蔬菜
b. 饥饿的猴子
c. 种子
d. 苹果派

7. 把这句话中打乱的词语按照正确顺序排列：食物阳光植物用制造出。

8. 选出最合适的一个词，完成下面这句话：勒颈无花果树________它寄生的树主人。

a. 吻了
b. 谋害了
c. 授花粉给
d. 惹怒了

答案

1.d　2.a、d、c、b或b、a、d、c　3.蜂鸟，因为它的翅膀最大。4.d　5.a　6.c　7.植物用阳光制造出食物。8.b

分数分析：

答对6题或6题以上：你的植物是个天才，是植物里的爱因斯坦！

答对3~5题：你的植物非常聪明——再施点肥，它还会进步的。

答对0~2题：你的植物要加倍努力了。你确定它不是一朵木耳吗？

Should We be Vegetarian?

人类是否适合吃素？

作者：万莹

“那棵树上的红果是不是能吃？”

“我能不能在家里种一棵会结果的树？”

当你看到一棵结满果实的大树，会不会有这样的想法？这是植物吸引人类传播种子的招数，也是人类对待植物的本能——食用。

人类可不可以只吃植物呢？这个问题对于不爱吃蔬菜的你来说有点可怕。不过，当你询问身边的人，应该也能发现几个素食者。于是，更多的问题来了：他们为什么吃素？素食是什么？吃素是不是人类的最佳选择？

植物，最基本的食物来源

素食所指的植物性食物，在人类的发展史上曾经起到重要的作用。

植物是所有动物的基本食物来源。灵长类动物大概出现在6500万~5000万年以前，它的身高只有十几厘米，类似现在的倭狐猴或眼镜猴，主要吃昆虫、花和果实。开花类植物能够提供能量，让这类动物得以生存、进化，最后出现属于人类的一支。

植物也是比较稳定的食物来源。某种植物能不能吃，好不好吃，能不能在家里种植，古

大部分的猴子和猩猩基本都可归为“素食者”，食物多为果实、花、树叶和树皮，不过也有昆虫、蛋和小鸟等

人正是在解答这些问题的过程中不断发现新的食物，推动人类社会前行。复旦大学现代人类学实验室研究小组发现，欧亚大部分种族都有一种感受苦味的基因，这种基因在所有味觉基因中对毒性的识别性最强，可以帮助人们识别植物是否有毒素。研究推测，可能是人类开拓新的生存区域时接触了新的植物。

素食圈子

素食这个词最初源于宗教。比如，佛教和道教禁止教徒食用动物性的食物。宗教中的“素食”概念与现代流行的一种饮食方式类似，采用这种饮食方式的人大多主张保护动物，主要以植物性食物或者来源是植物的食物为食，动物性食物非常少，于是人们就用“素食”来指代这种饮食方式。坚持这种饮食方式的人，被称为“素食者”。但是根据对素食食物的偏好，素食者也有自己不同的“圈子”。

根据素食种类的不同，素食者一般分为几种类型：有一类是避免食用所有动物性食品，鸡蛋、牛奶、蜂蜜等也不在他们的食谱上，这类人是“纯素食者”；“乳蛋素食者”则会摄入蛋类和奶类来补充蛋白质；还有一类是“生素食者”，他们会将所有的素食保持在天然状态，即使加热也不会超过 47℃，他们认为烹调会把食物中的营养成分破坏。

餐桌上色、香、味、美俱全的素食

餐桌上的必备菜

即便你不是上述所列的“X 素食者”，你也会发现，大批植物产品占据你的餐盘：各式蔬菜和水果，米饭和面食，还有含丰富蛋白质的豆制品。科学研究显示，食用丰富的水果和蔬菜可以降低心血管疾病、肥胖、Ⅱ型糖尿病（非胰岛素依赖型糖尿病）和多种癌症的发病概率。一些抗氧化化合物多存在于植物中。

从自然饮食的角度看，绝大部分人离不开植物。人类在进化过程中成为杂食性动物，在某种程度上，可以凭借动物类或植物类的单一饮食生存。不过，大量摄入脂肪的饮食结构并不多见，因纽特人算是一个例外，他们身处冰雪覆盖的北极圈附近。有学者推测，他们的饮食习惯可以让身体暖和、强壮、匀称，甚至健康。不过，对大部分人来说，只吃肉不吃素的生活几乎是不能想象的。你也很难想象有人会提出“为了健康，肉食主义”的主张。

素食能否提供足够营养?

如果保证关键营养物质的摄入，现代人可以单凭植物生活。但是采取这种饮食方式要极为谨慎。英国有位母亲是一位严格的素食主义者，而且崇尚生食。她用自认为最健康的方式来养育孩子：足量的水果、蔬菜、坚果、谷类和豆类，没有肉类、鱼类和奶类。然而过了一段时间，这位母亲发现，自己的孩子个子比同龄人矮很多，而且成长的速度缓慢。咨询过营养师后，这位母亲开始让儿女们摄入足够的肉类和蛋奶类。幸运的是，通过饮食调整，她的孩子已经恢复健康。

植物是万能药吗?

有一种叫白藜芦醇的酚类物质在很多植物中存在，特别是在葡萄中。

白藜芦醇是植物为了抵御病菌入侵而产生的一种抗毒型物质。一些研究者认为，它具有抗氧化、抗炎症、抗心血管疾病和抗癌的效果。关于它的保健功效，还有一个有趣的故事。

20世纪90年代，美国康涅狄格的学者从葡萄酒里发现了丰富的白藜芦醇。而且他们发现，同样经常食用牛排和薯条等高胆固醇食品的法国人，心血管病的发病率只有美国的1/3，法国饮食的组成之一——葡萄酒就成了对这种现象的可能的解释。这种现象曾被称为“法国悖论”。

这种现象发现后的直接结果就是，葡萄酒被某些商家宣扬为健康饮品，在研究结果公布的第二年，美国的葡萄酒销量就增加了44%。

但是，后来有研究指出，这是统计错觉，还有研究干脆指出这种现象根本不存在。与“法国女性不会长胖”的说法相反，现实中，法国女性正变得越来越胖，法国女性的肥胖率从1997年的8.3%上升到2009年的15.1%。

因纽特人在海岸边安家落户，主要猎捕海鱼、海象、鲸类和一些陆地哺乳动物。这是他们在聚集地外晾晒的鱼干

人的健康成长既离不开素食，也离不开肉食。美国加利福尼亚大学伯克利分校的科学家研究发现，肉食在人类进化中起着关键作用。200多万年前，游走在非洲干旱地带的人类祖先开始摄入肉食，包含密集营养的肉类成为人类进化的“催化剂”，特别是对于大脑的进化。此外，人类的消化系统也显示它有消化肉食和素食的能力。人类和植食性灵长类动物的消化系统基本相同，但是人类的小肠较长，而猿类的结肠较长。小肠是吸收营养物质的主要器官，结肠则存储废物、回收水和吸收一些维生素，较长的结肠可以帮助猿等灵长类从植物性食物中得到更多的养分，提升食物中植物性食物的比例。

不管是食物金字塔，还是餐盘计划，都强调食物的均衡摄入

均衡饮食

肉类为人类提供了特殊的营养。比如，维生素B12和主要来自鱼油的DHA，是大脑的营养素；肌酸，是肌肉的营养剂；来自动物的维生素D3比来自植物的维生素D2更高效；肌肽，具有很强的抗氧化能力，是流行的抗衰老辅助产品。所以，去掉动物性食物会导致一些重要营

养的缺失。

另外，植物性食物中也混有“危险分子”。有些经过加工处理的素食甚至在垃圾食品榜单上名列前茅！比如炸薯条、果脯、油条、咸菜等。

那么，什么才是健康的饮食呢？如果没有宗教原因，纯素食并不是最好的选择，应该培养“素食为主，肉食为辅”的饮食习惯。此外，要注意生熟搭配。很多素食生吃并不是最健康的，比如胡萝卜富含的维生素A只有过油炒熟之后才更容易被人体吸收。

对于正在长身体的小朋友，更不应该错过任何营养物质，只有均衡搭配素食和肉食，才能健康长大。

Orchids: The Cleverest Magicians

最聪明的魔术师——兰花

编译：凌颖　依文

你或许会感到奇怪，明明都是兰花，为什么开花的时间会相差这么大呢?

实际上，在你觉得“明明都是兰花”的时候，就已经犯下了错误。兰花可不是只有一种，它拥有超过35000个不同的品种，堪称世界上最“枝繁叶茂”的绿色植物大家庭。除了南北两极，全世界都有它们的身影!

能在竞争激烈的自然进化中生存下来，并

德国生物学家恩斯特·海克尔在《自然界的艺术形态》(1904)中描绘的兰花

细雨霏霏的6月，你在家中的院子里看到爸爸妈妈种的兰花绽放了美丽的花朵。兴奋的你用数码相机拍下一张照片，发到网络上：“看！我家的兰花！”

很快，有网友评论了你的照片：“真棒，我家的兰花要8月才开花。”也会有人不服气地说：“才不羡慕呢，我家的兰花4月就开过啦！”

繁衍出如此庞大的家族，兰花适应环境的能力绝对是植物中数一数二的。更令人吃惊的是，几乎所有的兰花都要靠昆虫或其他生物协助授粉才能繁殖。如果没有昆虫，恐怕所有的兰花都要灭绝！所以你一定能想到，兰花必然有某些非常神奇的本领，让昆虫们难以抗拒它的魅力！

带我走吧，虽然你认错人了

大多数需要授粉的植物会用鲜艳的颜色、诱人的气味或香甜的花蜜吸引昆虫，很多兰花做得更为极致——它们会长成昆虫的样子！它们的伪装是如此逼真，以至昆虫会落在它们身上“拜访亲戚”。发现上当之后，昆虫会离开，但这个时候，花粉已经沾到了昆虫身上。笨笨的虫子可不像圣斗士，它们很快还会犯同样的错误，而这次，沾在昆虫身上的花粉就会转移到第二朵兰花的柱头上，兰花也由此完成了授粉。

有一种兰花把自己装扮成授粉昆虫的敌人。看到“敌人”，授粉昆虫会为了自己的安全主动攻击，却不知道自己攻击的只是伪装的兰花。当然，在这个过程中，昆虫身上也同样会沾满花粉；而在下一次犯错误时，授粉也随之完成。

还有些兰花长得很像授粉昆虫的“另一半”。受骗的虫子们会意乱情迷地投向“爱人”的怀抱，却不晓得自己成了兰花的“红娘”。比如杓兰，它的中央花瓣像个兜，口小肚子大，进去很容易，出来可就难了。被吸引来的蜜蜂发现上当想要逃出去时，不得不穿过沾满花粉的花蕊。

杓兰柱头在植物雌蕊的顶部，是接受花粉的部位

帮我“牵红线”，好处多多

兰花会用各种各样的好处来吸引昆虫帮自己授粉。有一种兰花会分泌花蜜来吸引昆虫。昆虫吸食花蜜的时候，会在不知不觉间慢慢陷入兰花内部的狭窄管道中，直到脑袋

完全埋进花的蕊缘下方。如果吸食花蜜的虫子无意间抬起头，蕊缘就会毫不留情地喷出自己的花粉，这些花粉会沾在昆虫的大眼睛上，当这只昆虫进入另一株兰花时，花粉就会自己掉落下来。

有些兰花长得很普通，却有着独特的气味。有的像巧克力，有的则像天使蛋糕，还有些像腐烂的肉——它们希望苍蝇来为它们牵线搭桥！

蕊缘是柱头延伸出来的部分，也是兰花产生花粉的地方

还有一些则做得更极端。某些昆虫喜欢某些植物的独特气味，于是有的兰花学会了模仿这些气味以吸引不明真相的昆虫。还有的兰花把目标锁定在夜间飞舞的蛾子身上，它们只会在夜里放出香味，吸引蛾子来为自己授粉。

究竟是兰花为了适应昆虫而发生了进化呢，还是兰花的演变在先、昆虫的适应在后呢？其实有可能它们是在同时变化着，这或许可以解释为什么这些完全不同的生命能够相互依赖着对方而生存。

最聪明的花朵

伟大的生物学家达尔文曾经对兰花释放花粉的过程产生了巨大的兴趣。他试着用铅笔、猪鬃、针、驼毛刷等多种物品甚至自己的手指去碰触兰花释放花粉的部位。他发现，对某些东西，兰花表现得很敏感，只要被轻轻触碰就会释放花粉；有的东西则提不起兰花的兴致，无论用多大的力气去碰它，都不会有反应。于是，达尔文认为，兰花非常聪明，只会在面对正确（可以帮它授粉）的对象时，才会释放自己的花粉。

达尔文这样写道：“兰花有如此多怪异荒诞的模仿绝招，但毫无疑问，这是因为我们忽视了它们的生存条件和生存需要。为什么兰花能有这么多为了授粉而演变出的绝招？我相信许多其他植物也有类似的适应演变，但似乎兰科植物的绝招更多，而且契合度更高。”

授粉不容易成功？没关系！

尽管各种怪招无所不用，但兰花通过昆虫授粉的成功率依然不高。面对这个问题，兰花同样有自己的绝招——增加种子产量！只要成功受精，兰花就会生出一个巨大的种荚，相比其他植物一次结出 20 颗左右的种子的低产量，即使产量“较少”的兰花也能结出 3000~5000 颗种子，有一些兰花能产出百万甚至千万颗种子。

美国佛罗里达州玛丽·塞尔比植物园的约翰·贝克纳说：“最高纪录是一个果实结出了 1000 万颗种子，当然这些种子都很小，可以被风吹到任何地方。”

这些小种子基本上没有储存任何营养物质。为了生根发芽，它们必须落在合适的地方——某些特殊真菌生长之处。一开始，是真菌感染了种子，但当种子发芽后，兰花就会占据主导地位，真菌也随之沦为兰花的营养来源。随着兰花逐渐长大，大多数兰花会过上自给自足的生活，但也有一些兰花会终生依赖真菌为自己提供养分。

上天或入地

兰花品种繁多，每个品种之间也千差万别。天然香草豆的来源——香草兰一生都寄宿在葡萄藤上，带叶兜兰则生长在泰国北部和中国南部的大树上，火焰兰能长到6米高，而另一种兰花只有顶针大小。

某些兰花甚至会颠覆我们对植物的传统认知。佛罗里达州有一种幽灵兰花，它没有独立的叶子，那它靠什么进行光合作用呢？靠自己的根！

有的兰花生长在地上，有的则成了附生植物，在热带雨林的树顶上安了家。这些附生兰花的种子一旦来到合适的地点，就会生根、发芽、长大，它们的根须垂悬在空气中，靠雨水、腐烂的树叶和阳光过着悠然自得的生活。它们不是寄生植物，只是把大树当作家，不索取也不回报任何东西。

这样的生活方式是被热带雨林严酷的环境“逼”出来的。气候炎热湿润的热带雨林是地球上自然资源最丰富的地方，但因为雨林中的生物太多，生存竞争十分激烈，对大多数生物来说，竞争失败无异于灭绝。聪明的兰花选择在比大多数植物都高的地方安家，依靠空气而不是土地繁衍生息，这让它们超脱在竞争之外，活得更轻松。

鸽石斛，兰科石斛兰属，是一种热带附生兰

Apple's Story

苹果的故事

编译：凌颖　依文

世界上种植最多的果树是什么呢？答案是苹果树。

苹果树对生长的环境真不挑剔，它已经在地球上生活了200万年。美国作家迈克尔·波伦曾说，从植物背后，你可以看到人类的历史。花的形状、颜色和香气等特征，都是在时间的长河中植物与动物、人类互动的结果，植物的种子在一代代的进化过程中遗传并发展了这些基因。那么，鲜艳的苹果背后又有着什么样的故事呢？

“苹果佬”约翰尼

“苹果佬”约翰尼的本名是约翰尼·查普曼（Johnny Chapman）。他1774年9月26日出生于美国马萨诸塞州莱明斯特家中。他出生的时候，像枫叶一样红的苹果正结满了枝头。

约翰尼出生后的第一年，他的父亲就离开了家去参加美国独立战争。约翰尼还没到两岁生日，他的母亲和弟弟就相继去世了。

约翰尼家旁边有一个苹果园。像当时大部分美国家庭一样，查普曼一家在秋天摘下苹果，然后贮藏在地窖中，冬天的时候就可以吃了。收获的苹果还可以做成苹果汁、苹果酒、苹果醋和苹果酱。约翰尼最爱的事情，就是看着苹果树春天开出小花，然后到秋天结出鲜艳的果实。

爱看苹果树生长的约翰尼还喜欢独自一人到安静的森林中徘徊。善良、彬彬有礼的约翰尼获得了小动物们的信任。

到了可以离家的年龄，约翰尼决定到西部广袤的荒野去种植苹果树。他来到了横贯宾夕法尼亚州的阿利根尼山脉。在这里，他开垦出了一片荒地，将随身带的苹果种子种下，建成了一个小果园。

在接下来的几年中，约翰尼继续向西进发。没过多久，整个俄亥俄州都种上了苹果树。

同时，其他西部拓荒者也陆陆续续到了这里。这些美国家庭希望找到土地安家。约翰尼将苹果园建在拓荒家庭的必经之路上。如他所料，苹果树苗受到了欢迎。

约翰尼热心地帮助他的新邻居，他最经常做的事就是送苹果树了！因此，人们亲热地称呼他为“苹果佬”约翰尼（Johnny Appleseed）。他也开始这么称呼自己。和大家在一起时，约翰尼最喜欢做的事情就是给小孩子讲《圣经》里的小故事，当然还有他自己的冒险故事。

战争结束后，人们都劝约翰尼建一座自己

的房子安居下来。然而约翰尼说，他热爱大森林，那里就是他的家，他就是国王。他最终还是要回到森林中。

虽然约翰尼离开了，但关于他的传说还在继续！有人说，看到他睡在树顶的吊床上，和身边的鸟儿聊着天。还有人说，他救了一只受伤的狼，最后狼成了他的宠物……

注：“苹果佬”约翰尼在西方小学生中是无人不知的人物，大家都相信，因为他，美国人才有了苹果吃。

种一棵苹果树！

苹果树春天开花，由风或者昆虫为它传播花粉。当花谢的时候，果实就开始成长。

经过一个夏天，小苹果越长越大。

到了夏末初秋的时候，苹果成熟了。

随着冬天的来临，苹果树的叶子会纷纷掉落，最后剩下光秃秃的树枝。

这时，苹果树“冬眠”了，等待它的是下一个春天。

将苹果从中间切开，可看到五个小室，排列成对称的五个花瓣的形状，每一个小室里面都有一枚或两枚种子。这些种子可以随遇而安地生长在任何地方。种子含有少量的氰化物，这样可以避免动物的啃咬，保护自己落地生根。苹果的种子极其苦涩，不过苹果肉却很甜

步骤 Steps

1. 最好在秋天栽下苹果树苗。
2. 挖一个树坑，要保证苹果树苗有足够的空间长出根系。
3. 将苹果树苗置入坑中，在上面填上土。
4. 踩实填上的泥土，让苹果树苗得以直立。
5. 给苹果树苗浇水。在种植后最初几个月，每星期大约需要浇4升水。

苹果树要长到5岁到8岁时才开始结苹果哦！每年春天，都要修剪苹果树的树枝，这个过程叫剪枝。

苹果树大都能长到6米高。苹果树周围的泥土需要施肥。剪枝和施肥都能帮助苹果树长出更多、更好的苹果。

Planting Your Tree !

一起种树吧！

美国康涅狄格州的多所公立小学都有这样的传统：在学生毕业前夕，全班同学会选择一棵适合当地气候并契合班上精神的小树苗，种在学校指定的地方。

这项传统以班级为单位，多数学校选择在自然科学课中让小朋友讨论应该种什么树。首先，老师会介绍适合康涅狄格气候的植物种类，并让小朋友了解植物的特征，比如纬度较高的康涅狄格主要树种有枫树、山毛榉、白橡、山胡桃、榆树、白杨及桦树等。然后老师会播放影片或带小朋友实地观察，让小朋友有机会摸摸树木和树叶，认识这些树木。最后老师会让小朋友自己搜集资料，并在班上讨论，看种什么样的树合适。

自从知道要种植小树后，忽然发现身边的树木长得都不一样了。以前都没有发现，原来公园的树木有这么多种，有些树木的叶子比较大，有些又像针一样细细长长，真的很有趣！

——美国康涅狄格州公立小学的Ethan

小朋友会在六年级下学期在学校规划的区域种植小树，并钉上名牌，这样就大功告成了。小朋友在毕业前可以亲自照顾小树、给小树浇水，毕业后这项任务将由学校接手，不过学校随时欢迎毕业了的小朋友来看看自己种的小树的生长情况。

Radish
萝卜

作者：安妮·约翰逊（Anne E. Johnson）
译者：Alice Li （李佳音） 米加
绘者：温琴扎·佩斯凯凯拉（Vincenza Peschechera）

“凯伦，请把草拔干净。”妈妈指着一堆泥上的绿色的东西，边说边递给我一把小铲子，“但别把萝卜拔掉。”

妈妈知道菜园子是我最不喜欢的地方。

“哪些是萝卜呢？”

“一排排长得整齐的是萝卜。”妈妈叹了口气，好像这些事我早该知道似的。“杂草到处都是。这是草，那也是。”她指着长得非常整齐的一排绿芽，“那些是萝卜。”

在我眼里它们就像是一大盘沙拉。

“请在晚饭前做完。”妈妈说完就和爸爸开车走了。

“长得整齐的一排一排的不要动。”我提醒自己。我小心翼翼地把小铲子插进土里，拔出些长着大叶子和硬硬的根的绿东西。天并没有塌下来，这些一定就是草喽。

我找到窍门了。这些是萝卜，那些是草。那又是什么呢？它看上去像一块青灰色的石头，有我拳头大小，插在我的小铲的三个齿上，我使劲向上一拔，禁不住尖叫起来。

那不是石头，而是个活着的、灰灰的、软软的东西。它的一边有四个闪烁着的小洞，一定就是它的眼睛了。它没有腿，没有耳朵，没有

嘴，就像一块大棉花糖。它拼命地眨着眼，想钻回土里，它和我一样害怕。

我使劲一挖，将手指伸到它的下面，向上一拉，它发疯似的颤抖着，眨着眼，却停留在了我的手心里。它的皮肤像布一样柔软，我柔声对它说："嘿，没事的。"它的眼睛开始眨得慢多了，我们互相打量着对方。

"你是外星人吗？"它的四只眼睛同时眨了一下。外星人都会想搜集它们造访的星球的信息。"我是凯伦，一个雌性人类地球生物。"这个软软的东西只是盯着我，眨动着眼睛，"你叫什么名字？"

它跳回到萝卜地里，蹭着泥土。我又把它捉了回来。"我就叫你萝卜吧，因为你看上去像萝卜，而且你又那么喜欢萝卜。"它在我的手心里扭动着，好像很开心。"你是男孩还是女孩？"没有回答，所以我决定从现在开始认定它是个"男孩"。

我轻轻地跟它讲述着地球和太阳系的事儿，而它在我的手中缓缓地扭动着，冲我眨着它所有的眼睛。突然一只棕色的兔子飞跑而过，这种兔子老是偷偷跑到妈妈的花园里，啃嚼她心爱的植物。萝卜瞬时像疯了一样，一下子从我的手心跳了下来，以惊人的速度穿过草地，弹跳着去追赶兔子。

"回来，萝卜！"我顾不上思考，赶快去追它。

"喂！"一个嗓子里含痰的声音吼叫道，"从我的草坪上滚出去！"

不好！我跑到罗伯斯先生的草地上了。他讨厌孩子（还有成人和动物）。我可以想象他见到外星人会做出怎样的反应。幸运的是他只顾冲我吼叫，根本没有看到跳过去的那个奇怪的生物。

"给我出去！我不需要你们这些叫花子来毁坏我的草坪。"我不大明白"叫花子"到底是什么意思，但肯定不是什么好词。"对不起，罗伯斯先生。"我上气不接下气地大声叫道，努力不被落下。

隔壁，我的朋友山口裕子的妈妈站在自家阳台上向我招手说："凯伦，进来吃个小松饼吧。"

"谢谢，不用了。我有急事。"我的外星人不见了。

"DAIKON！"有人尖叫着，"DAIKON！"那是秀树，裕子的弟弟。他一边叫一边指着他家的花园。

山口太太抱起儿子，用自己的鼻子蹭着他的鼻子。"小傻瓜，你知道我们的花园里只种胡萝卜和生菜的。"

"DAIKON！"他仍在叫着。这次他指向了马路。

我一边大口喘着气，一边问："什么是DAIKON？"

"那是一种长长的日本白萝卜，哪天你要来我家吃晚饭，也许……"

"谢谢！"我大声叫着，从山口太太房前的篱笆一跃而过。

我找不到它了。兔子和外星人都不见了踪影。我至少应当给它照张相。我虽然看到了地球之外的东西，却没有任何证据。

说不定还有一个呢！我飞跑回我家园子，用小铲挖来挖去。每拔出一棵草，我都屏住呼吸，可惜全都是些没用的草。

那天晚上吃晚饭时，我的话让父母吃惊不已。“明天我还想除草。我现在可以离开饭桌，上网查一些有关萝卜的信息吗？”

妈妈手里的叉子掉了，爸爸差点把一口无糖饮料喷了出来。他们沉默了一分钟，可能是在考虑我是不是在开玩笑。然后妈妈静静地说：“好的，小甜心。”

我在电脑上输入“萝卜”这个词，可我并不知道我要查什么。查得越多，我就越想念我的外星人。很快，图像透过我的眼泪，变得模糊起来，许多颜色交织在一起让我犯困。我仿佛看见了一千多个萝卜——黄的、红的、白的、长的、椭圆的、圆的——在空中缓缓地飘动，我还看到了我的软软的灰萝卜，它正准备咬一大口……

“它又没有嘴！可怎么吃萝卜呢？”显然，我一定是在大声吼叫。因为当我两秒钟后醒过来时，发现妈妈站在我的身旁。

“哦，你的脸通红，是不是发烧了？”

“它一定是从土里吸收了特殊的东西。”妈妈催促我睡觉时，我嘟囔着问：“妈妈，种萝卜的土有什么特别的地方吗？”

“这个问题我们明天再谈吧。”

第二天，妈妈出乎意料地对我说：“早饭后我们到奥姆德医生家去。”

“妈妈，我不需要看医生。”

妈妈笑了：“哦，他是个医生，也是个获奖的园林师。他对有关萝卜和土壤的一切无所不知。”

就在我觉得妈妈将永远也不会理解我的时候，妈妈却有如此甜蜜贴心之举。我们开车去到一座有一个巨大花园的房子。奥姆德医生非常友好，带我们参观他的千千万万种植物。

我只关心一种。“您了解萝卜吗？”

“当然了解。你想种萝卜来参加比赛吗？”

听上去像是个很不错的掩护。我点点头。

“你需要特别沙质的土壤，还要加混合肥料，这种土壤适用于所有的根茎蔬菜，如萝卜、胡萝卜、甘蓝、大头菜、芋头和土豆。”我还记得萝卜是如何喜欢山口太太的胡萝卜园的。

奥姆德医生给了我一麻袋腐殖土，它是一种土壤养分。回到家，我把它们埋进了萝卜园。我一天一天地等待，除草。萝卜茁壮地成长，可是外星人却没有出现。

就在我要完全失望时，萝卜回来了。一天下午，当太阳把园子里的影子拉长了的时候，我看见一块石头在土里扭动。

“萝卜，是你吗？”

它从土里偷偷望着我，露出上面的两只眼睛，眨动着。我拔出一棵最好的萝卜给它。可它只是围着那棵萝卜摇摆着，扭动着。正如我猜测的，它不吃萝卜，只是喜欢萝卜生长的土壤。在我的手上扭来扭去，又在泥土里玩了一个多小时后，萝卜把自己压成一团，然后射向天空，不见了。

萝卜每几个星期出现一次，都是我独自一人在花园里的时候。我一年到头都种萝卜，这样，任何时候我的“客人”到访，土壤都已经为它准备好了。

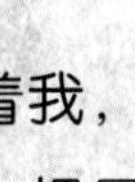

Human & Flowers
人类和花朵的相似之处

编译：凌颖

人类与花有什么相似之处?

数百年来，无数的诗人吟唱称颂花朵，用以象征爱情或寄托许多其他的情感。人类和花朵之间的共性也许能解释这类植物在文学和流行文化中引起共鸣的缘由。

繁殖

如同人类一般，许多不同品种的花通过有性生殖来繁衍后代。花朵拥有子房、胚珠和雄蕊等这些类似于人类男性或女性生殖器官的组织结构。

色彩

人类有不同的肤色和发色，花朵的形状和颜色也是各不相同的。花朵颜色的变化由进化过程所指引，有些特定的颜色在吸引传粉昆虫或者防止虫害方面更为有效。

香味

和人类涂抹香水以期吸引异性伴侣一样，花朵也会散发香味吸引像蜜蜂或飞蛾这样的传粉昆虫。

DNA（基因）

地球上所有的生命体都有DNA。DNA与蛋白质组成染色体。人类和花朵的本质性状都可通过DNA编码复制传递到子代。

生命

人类和花朵最根本的共同点就是生命。人类和花朵都会经历出生、成长、繁殖、死亡这样的过程。可以说，生命的魅力也正在于此。